辰巳芳子的日式湯品食譜

生命與味覺之湯

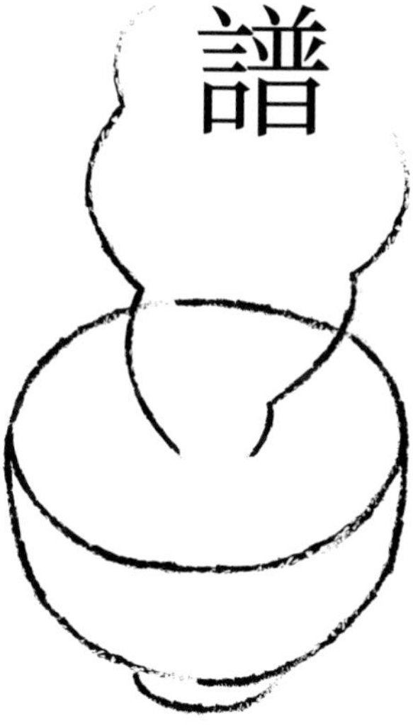

辰巳芳子 著
陳心慧 譯

積木文化

目錄

第四章　大地的恩賜　77

第五章　日常鍋物　111

第六章　像濃湯一樣的粥 135

代序

必須知道的事

我在茶室的火盆旁學到了許多事情。

「烤米菓的時候，只要翻面三十六次，就能烤得均勻；烤海苔的時候，將兩片海苔的正面交疊在一起，再將兩片海苔的四周邊緣輕輕劃過烤網，中間自然就會烤熟；煮金桔和煮豆子的時候，必須軟的炭和硬的炭搭配使用；炭火直放或橫放效果大不相同；要在炭火上撒灰；埋入炭粉可以加熱炭灰」等等。

母親完全沒有刻意教我烹飪，只是教我如何根據食材使用並調整火力。換句話說，她示範並教我明辨「火」的事理。

我認為，所謂事理，簡單來說就是事物的道理和原則。

總而言之，現在的我將瓦斯的火分成「0（預熱）到10」，有時也會蓋上鍋蓋。我也是這樣教別人。

仔細想來，從用火的方式自然衍生出來的料理，或許就是我的湯品。

不是為教而教。

不是為做而做。

所謂的不經意，就是這麼一回事。

關於我的湯品歷史，可以回溯到四十多年前。教我法式料理的老師是加藤正之先生。他修習湯品和蔬菜十四年，曾在宮內廳大膳寮（譯註：負責皇室的膳食）與秋山德藏先生共事，當時剛好是保羅．克洛岱爾（駐日法國大使）盛讚大膳寮的料理世界第一的時期。老師學習的是完整的套餐，由於湯品是套餐的第一道料理，代表整體的方向性，因此必須特別**用心**。

老師對湯品的態度當然也影響了我。我只要製作湯品，就會想起老師的話，畢竟學習了十三年。

在老師和母親都過世之後，湯品看起來好像變成了孤兒，但只要費心培養，還是會長出新芽。

我與學生一同前往位於鎌倉的竹田上門護理中心，在那裡提供湯品服務、培育後繼人才、出書，並給予醫療現場建言。

五年前還發生過這樣的事。食品公司味之素希望能夠分析我製作的湯品。

「真是讓我們大吃一驚。沒想到湯裡竟然殘留許多的麩醯胺酸。麩醯胺酸的定律是加熱後就會消失，您簡直可以拿諾貝爾獎了。」

我的湯品不加鮮奶油或奶油，非常樸素，但究竟為何麩醯胺酸會留在湯裡呢？這與食材無關，而是技術。

也就是說，這與從0到10的火力調整有關。另外，與如何使用攪拌食材的鍋鏟也有關。我從小時候有人幫我洗澡的經驗，找到使用鍋鏟的技巧。小時候有許多人幫我洗過澡，唯有母親是從左到右，再從右到左，有規律地移動毛巾，非常舒服。我把這個經驗應用在洋蔥、馬鈴薯身上。如此一來，加熱的時候不僅食材不容易支離破碎，表面還會帶有光澤。

「從0到10、從左到右」。

這是汲取自我七十多年來的經驗。

現在最令我感到欣慰的，是聽到即將逝去的人喝著湯，笑著說真是美味。

日式湯品分類表

第一列是高湯的種類

- 素高湯
  - 昆布、乾香菇、瓠瓜乾、炒黃豆
  - 蔬菜類（洋蔥、西洋芹、馬鈴薯、白蘿蔔、蕪菁、紅蘿蔔、白菜、日本蔥、白蘿蔔乾、紅蘿蔔乾）
- 昆布和鰹魚
  - 大碗湯品（椀盛）
  - 味噌湯、粕汁（加了酒粕的湯）
  - 鍋物、蒸物

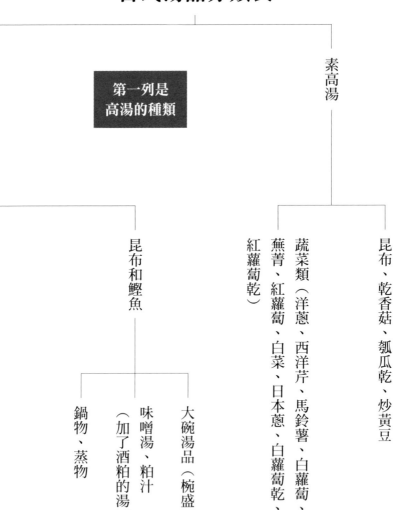

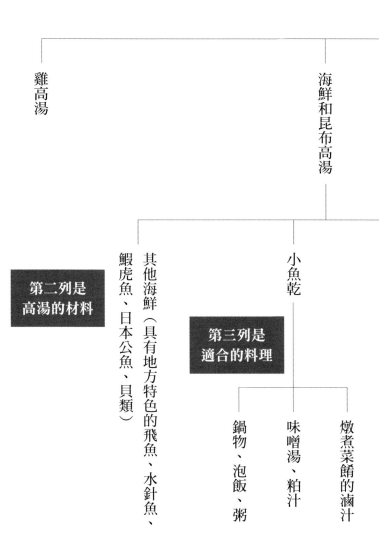

海鮮和昆布高湯

小魚乾

第三列是適合的料理

燉煮菜餚的滷汁

味噌湯、粕汁

鍋物、泡飯、粥

其他海鮮（具有地方特色的飛魚、水針魚、鰕虎魚、日本公魚、貝類）

第二列是高湯的材料

雞高湯

第一章

季節味噌湯

每個民族都與所處風土的特質融合共存，經過不斷地進化之後才有今日。

在這層意義之下，對日本人而言，「米、味噌、醃蘿蔔」就是我們的骨與肉。

這些可說是與生命息息相關的無價之寶，與金錢屬於不同次元。

無論男女，能否不費力地製作出「味噌湯」，是避免婚姻像蓋在沙土上的房子般不穩固的基礎之一。

關於味噌湯

味噌湯，又稱「御御御付」（譯註：日文味噌湯的古語。由於味噌在過去屬於珍貴的食材，因此加了三個代表尊敬的「御」字）。我原本以為所有人都會製作味噌湯，後來發現並非如此，甚至可說是大錯特錯。

這是針對包含孕婦在內百餘名年約十九至三十歲左右的高學歷年輕女性，請她們列出一週每日三餐菜單所得到的結論（我自己實施的調查）。

也就是說，包括已婚者在內，沒有人會喝加了許多湯料的味噌湯。即使有些人每週有一至二次會在晚餐的時候喝味噌湯，但從湯料來看，應該是袋裝味噌湯。

菜單當中，出現最多次的是甜麵包、中華包子、泡麵、寶特瓶裝的茶。用餐的地點多是公司或學校食堂。

這種傾向不僅限於女性，男性也相同。

此外，現在有將近一成的日本嬰兒屬於低出生體重兒。

所謂低出生體重兒指的是體重低於二千五百公克的嬰兒，這三十年來有倍增的趨勢。

低出生體重兒不僅在體力或智力上有較低的傾向，長大成人之後還較容易罹患代謝症候群。

讀者是否想過未來的日本人和國家的「生命力」將變得如何？

為何、又從何時起變成了現在這個樣子呢？雖然我想舉出理由進一步探討，但如果有這樣的時間，不如用來讓身邊的年輕人品嘗美味的味噌湯，使他們不自覺地露出安心的微笑。

我希望能夠和年輕人一起研磨味噌，製作季節性的味噌湯。**再蹉跎下去，日本的根基就要破洞了**。

無論從哪個層面看，味噌湯都是決定今後的人生是明是暗的食物，絕非可有可無。

根據現狀解說味噌湯或許有些沉重，但我相信有心的年輕人應該能夠有所體悟，以下列出幾個要點。

第一當然是「味噌」。白味噌偏甜，首選京都。中辛味噌口味適中，各地都有鄉里自豪的風味。味道最濃郁的是稱作「八丁味噌」的三州味噌。

挑擇味噌時，一定要選擇使用日本國產黃豆製作的味噌，使用方法則根據季節和湯料的種類，可以混搭中辛味噌和白味噌，調整口味。八丁味噌特別具有消暑的效果，記得選擇真正好的八丁味噌。

第二是高湯。最基本的是使用昆布和柴魚熬煮的第一道高湯（一番高湯），但如果想要在湯裡加入大量的蔬菜，則更適合使用第二道高湯（二番高湯）。其他使用雜魚乾或魚骨熬製的高湯也是現在重要的依靠。由於日本人的鈣質攝取量不足，因此也希望大家能夠多運用雞或排骨。明智的使用修整天然昆布的形狀時裁切下來的碎片，可以節省開銷。

第三是希望大家對季節性蔬菜和各種辛香佐料能夠變得更敏銳。風土變遷有助於我們的生理代謝。也別忘了豆腐、豆腐皮、麵筋類等食材。

第四是器具。譬如擂缽和馬毛篩（譯註：日文稱作「水嚢」）。想必許多年輕人都不知道研磨味噌時所散發的香氣。正統應該使用馬毛製的篩網，與使用萬能篩網過濾的效果完全不同。

本書特別邀請三十年來無時無刻都在工作上協助我的矢板靖代女士站上第一線，相信溫柔的矢板女士能更容易地讓人跟隨她的腳步。

春至夏

星鰻天婦羅和牛蒡的味噌湯

星鰻天婦羅和牛蒡味噌湯

菜餚一體，沒想到星鰻天婦羅竟然與「味噌湯」如此契合，創造出與眾不同的「鮮味」。喝一口湯，咬下炸得酥脆的星鰻，鼻後可以感受牛蒡微微的香氣。再喝一碗，搭配薑絲，享受微辣的快感。真是恰到好處。

製作方式（參照32頁）

1. 使用昆布和柴魚熬煮口味濃郁的高湯。味噌則是使用中辛味噌加大約三成的白味噌，用擂缽充分研磨。加入高湯，調成偏重的口味，過濾。用刀背刮除魚皮上的黏液，再用鹽水清洗後瀝乾。刨成薄片的牛蒡和蘘荷，泡水靜置。生薑切成細絲。

2. 準備就緒後，將鍋子放到卡式爐上桌。辛香佐料確實瀝乾，與剛炸好的天婦羅一起盛盤。預熱過的容器放上天婦羅，旁邊是冒著煙的味噌湯，搭配辛香佐料一起享用。

夏至秋

油煎茄子味噌湯

油煎茄子味噌湯

製作油煎茄子味噌湯需要先將茄子切成圓片後撒鹽。如此一來不僅能夠去除澀味，同時還會在茄子的表面形成薄膜。鹽創造出的薄膜，可以防止茄子吸收大量的油。

我參考義式做法，四十餘年來都採取撒鹽去除茄子澀味的方法。八丁味噌直線型的強烈性格搭配油烤茄子所散發的香氣，兩者就好像不能沒有對方一般地互補，非常美味。不僅適合日常品嘗，也可當做懷石料理。

製作方式（參照33頁）

1. 味噌當然選擇岡崎角久的本八丁味噌。削掉部分的茄子皮成條紋狀，切成厚度約1公分的圓片。鹽大約占材料的3％，撒在切口兩面。靜置一陣子後，表面就會出現浮沫。用水稍加清洗後再用布壓乾，去除水份。

2. 用大火油煎茄子。撒鹽去除茄子澀味的義式做法，也適用於製作味噌烤茄子、味噌燒茄子、蘿蔔泥拌茄子等。

秋至冬

白蘿蔔里芋麵筋的味噌湯鍋

白蘿蔔里芋麵筋的味噌湯鍋

秋轉冬之際，可以靠飲食溫暖身體深處，幫助我們順利度過換季。這道湯鍋是具代表性的範例之一。會這麼說是因為白蘿蔔、里芋、味噌都非常溫和且偏甜，這裡還加了含小米的麵筋，吃起來更豐盛。另外，加入油豆腐、豆腐丸子、烤麻糬也很不錯。煮給年輕人吃的話還可以使用排骨或雞翅。

製作方式（參照33頁）

這道湯的烹調技巧有二：

1. 切絲的白蘿蔔風乾約一小時。如此一來既可以去除白蘿蔔特殊的味道，又可以增添口感。

2. 里芋切塊，用米糠水稍加熬煮，再浸泡在熱水裡，去除米糠的味道。白味噌和中辛味噌的比例約6：4。最後撒上柚子皮，湯和料一起享用。

冬至春

埋豆腐

埋豆腐

不知道大家是否有這樣的經驗：①味噌湯淋在飯上可以呼嚕呼嚕吃下肚；②每次舀一口飯泡進湯裡，每一口都清爽。兩者吃的都是味噌湯和白飯，滋味卻大不相同。①是單純的泡飯，②只要在盛盤上下點功夫，就成了埋豆腐這道菜。這是日本在寒夜裡特有的品嘗方式。我發現品嘗方式也是一門藝術。

製作方式（參照33頁）

1. 味噌湯使用中辛味噌製作。做好的味噌湯分成4：6，裝在不同的鍋裡加熱。豆腐切成大塊，放入裝有四成湯的鍋裡。
2. 將1盛入大碗裡，再將剛煮好的白飯放在豆腐上。從裝有六成湯的鍋裡舀湯，從豆腐的旁邊倒入。放上泡過水的蔥絲，再搭配切碎的海苔一起享用。

味噌的種類

淡色中辛味噌

根據發酵黃豆的麴菌種類，味噌可以分為豆味噌、麥味噌、米味噌。米味噌大約占比八成，長野和宮城的中辛味噌也是米味噌。

八丁味噌

最具代表性的豆味噌。愛知附近生產的本八丁味噌需要三年時間。八丁味噌可用來製作味噌烤茄子或當做幫沾醬提味的秘密武器，也可用來製作鐵火味噌（譯註：豆味噌加牛蒡等根莖類蔬菜炒至完全乾燥），去除魚和肉的異味。

白味噌

京都的貴族喜歡甜的口味，因此針對同樣分量的黃豆增加米麴的用量，並將鹽分降到最低。適合冬季食用，與新鮮麵筋、里芋、蕪菁等非常對味。

盛盤的範例

星鰻天婦羅和牛蒡味噌湯

重點提示

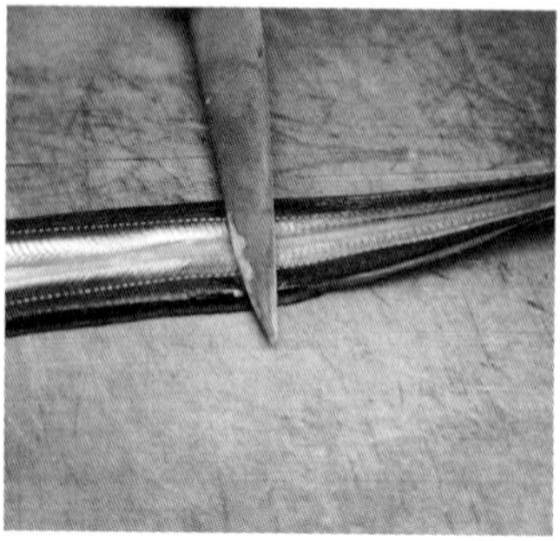

星鰻天婦羅和牛蒡味噌湯

用來製作天婦羅的星鰻要先用刀背刮除魚皮上的黏液。用鹽水清洗後瀝乾。

星鰻天婦羅和牛蒡味噌湯

像削鉛筆一般將牛蒡刨成薄片。朝著尖端部位削下薄薄一片。

油煎茄子味噌湯

茄子兩面都撒上鹽，去除澀味。鹽創造出的薄膜可以防止茄子吸收大量的油。

白蘿蔔里芋麵筋的味噌湯鍋

製作味噌湯鍋的白蘿蔔切成細絲，擺放在笳籬上風乾約 1 小時。

埋豆腐

埋豆腐使用的蔥下刀時不要推切，而是往身體的方向拉，主要是為了保持薄片的切面平滑。

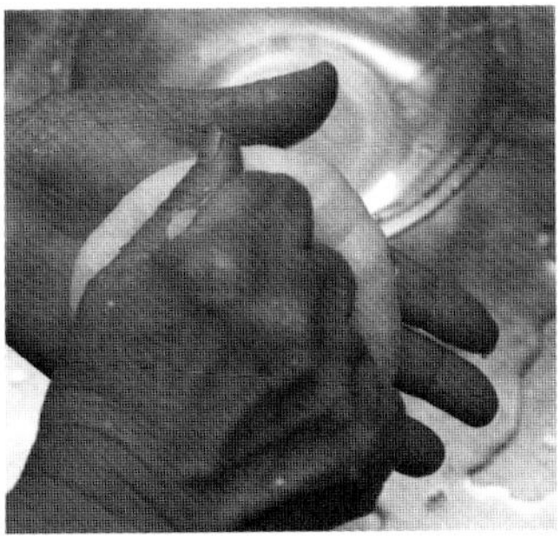

埋豆腐

用布切成薄片的蔥包起來，放在一隻手的手掌上，沖水用滾動按壓的方式清洗。

為什麼提議嘗試湯鍋料理呢？

我在一開始就提到在都市生活的年輕人，他們的飲食傾向和造成的結果。我原本應該進一步問他們「為什麼？」再來制定對策，但由於這是與「食」相關的問題，沒有人會在餓肚子的人面前追究前因後果，當務之急是要讓他們填飽肚子。

低出生體重兒的增加，不就等於是眼前有許多餓肚子的孩子嗎？

本章推薦加了許多湯料的味噌湯鍋（23、27頁），此舉並非為了迎合時代，而是讓處於飢餓狀態的人趕快吃飽的緊急手段。喜歡吃甜麵包、中華包子、便利店食物的人為什麼容易接受湯鍋呢？請大家想像一下典型圍爐的情景。

火爐上放著鍋子，裡面有高湯。蔬菜放在砧板上，依序切成適當大小後放入鍋中。確認熟了之後分兩三次調味。如果有油豆腐類的話更好，再放入麻糬、打幾顆蛋，有時也會加入肉類。不需要大費周章，一下子就煮好了。無論是不會醃醬菜的大學生或是夫妻都在工作的雙薪家庭，皆能輕鬆上手。說這個或許有些多餘，但我必須強調，**即使用最好的材料，一人份味噌湯的成本不過一三〇日圓。人生的分歧點在於做與不做。**

第二章

和食的基礎：熬煮高湯的方式

有些文化可以放手，有些則必須緊握。有些可以不用傳承，有些則必須傳承。即使隨著時代而簡化，但沒有高湯的日本料理，既無味、無形，更沒有力量。

任何時候都可成為助力

一番高湯

一番高湯

材料

水……10杯

昆布……5公分方形10片

柴魚……40公克

事前準備

鍋裡放入10杯水和昆布，浸泡至少1小時。浸泡後立刻確認水的味道，此舉有助於之後辨別昆布到底釋放了多少鮮味。

製作方式

1. 將浸泡昆布的鍋子以中大火加熱。等到昆布的邊緣出現小氣泡並開始晃動的時候轉文火。

2. 撈取浮沫，調整火力保持在即將沸騰的狀態，試試看味道，等到鮮味足夠之後取出昆布。熬煮多久會釋放鮮味呢？由於不同的昆布需要的時間不同，因此必須試味道確認，大約需要15～20分鐘。取出昆布之後的湯汁稱作昆布高湯，是素高湯的一種。

3. 取出昆布之後加入一小杯的水（分量外），降低鍋內溫度，均勻撒入柴魚。柴魚會先下沉，等到浮上來之後再度試味道，用準備好的篩網過濾。這個過程大約5個呼吸的時間，不需要煮太久。過濾的時候不要按壓柴魚，以免產生雜味。

4. 若要保存高湯時，首先加熱至50度左右，進行低溫殺菌。冷卻之後也可以加日式醃梅。如果要接著製作二番高湯，則要再次熬煮取出的昆布和柴魚（詳情參照48頁）。

重點提示

昆布泡水靜置。浸泡後立刻確認水的味道，有助於之後辨別鮮味。

火力維持在即將沸騰的狀態，試味道，確認鮮味充分釋放後就可取出昆布。

放入柴魚之前要先加水，或是將鍋子從火爐上移開降溫。

柴魚均勻撒入鍋內。熬煮大約 5 分鐘，等柴魚浮上來之後就可以關火。

用準備好的篩網過濾。為了避免產生雜味，不要按壓柴魚擠汁。

接著製作二番高湯時，使用剛剛取出的昆布和柴魚，再追加新的柴魚熬煮。

自然與智慧的結合並非偶然

日本的高湯藉由組合海裡或山中的食材，創造出美味和滋養。

相較於世界的湯品，乍看之下有些單薄，但必須承認，為了在溼度高的風土環境下生存，這種**平淡的味道**非常有效。素高湯會善用乾貨。烹調的時間非常短，這並非偶然，而是自然與智慧的結合。

必須謹記，食材很容易就會消失，想必高湯的材料總有一天會枯竭。

如果現在不勤加練習，就無法找到新的替代材料。

「事物只會告訴實際動手做的人自己的深意」。

事物非常聰明。

使用一番高湯
雞肉丸子湯

雞肉丸子湯

丸子材料

雞絞肉……400公克
鹽……少許
生薑汁……2小匙
味醂……1大匙
醬油……1大匙
白味噌……2大匙
蛋……1顆
澄粉……3大匙（如果使用太白粉則是2大匙）
二番高湯或水……0.5杯

滷汁的材料

二番高湯……6杯
昆布……5公分方形3片
乾香菇……4小朵
鹽……少許
酒……4大匙
味醂……少許
淡味醬油……3大匙

事前準備

先準備滷汁。淺鍋放入二番高湯、昆布、乾香菇，靜置1小時。加鹽、酒、味醂、淡味醬油煮沸。

製作方式

1. 雞絞肉放入鋼盆裡，加入鹽、生薑汁、味醂、醬油、白味噌、蛋，用手指充分拌勻。用高湯溶解澄粉，慢慢加入，混合均勻。如46頁照片中的手指動作，盡量拌得鬆軟。
2. 將右頁準備好的滷汁煮滾，同時製作丸子。大匙用水沾濕，與刮刀一起為丸子塑形。
3. 大匙拿到滷汁的表面，再用刮刀把大匙上的雞肉丸推落鍋中。丸子的形狀根據湯匙的種類而不同，可以多加嘗試。
4. 所有丸子下鍋，等到丸子表面變白之後，鋪上剪了幾個洞的紙蓋（譯註：烘焙紙裁成略小於鍋子的圓形，覆蓋在滷汁表面）。中途將丸子上下翻面一次，熬煮約15分鐘。
5. 連同滷汁一起倒進方形備料盤，靜置一晚入味。上菜前先準備清湯。取適量清湯加熱新鮮麵筋、香菇以及雞肉丸子，僅將料盛碗，倒入另外加熱的清湯。小心不要過度加熱，以免產生雜味。最後佐上柚子皮。

重點提示

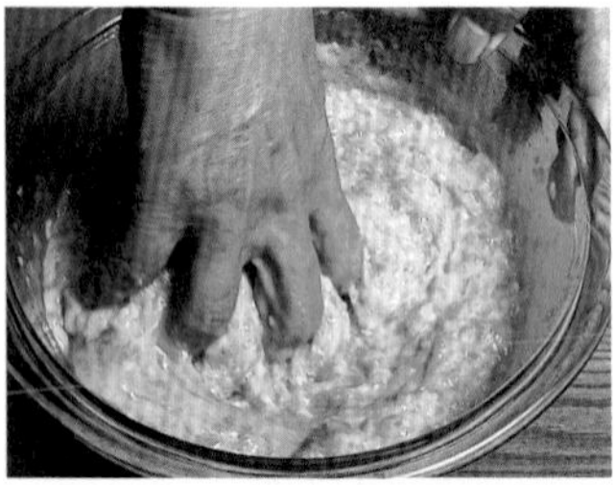

將鋼盆裡的材料充分拌勻。用高湯或水溶解澄粉，慢慢加入，軟化絞肉。

大匙拿到滷汁的表面，再用刮刀把大匙上的雞肉丸推落鍋中。

所有丸子下鍋，等到丸子表面變白之後鋪上紙蓋。

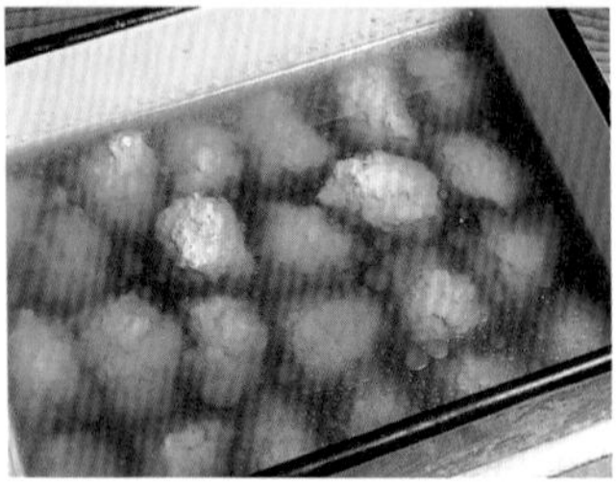

中途掀開紙蓋，將丸子上下翻面。熬煮大約 15 分鐘後倒進方形備料盤，連同滷汁一起靜置一晚。

菜單範例

小鍋裝入一番高湯，再用鹽和醬油調味。雞肉丸子一次僅放入準備要吃的分量加熱，可以擠一點柚子汁進去。適合搭配燉煮物、醋拌菜、壽司捲享用。

一番高湯的延伸

二番高湯

製作方式

將製作一番高湯使用的昆布和柴魚放入鍋裡，加8杯水，開中大火加熱。煮沸後再加入一撮柴魚，將火轉小，滾煮約25分鐘。確認味道後迅速過篩。

各種應用方式

	一番高湯	二番高湯
湯品	清湯、味噌湯	味噌湯
勾芡	葛芡、蛋黃芡	（不適合）
燉煮	蔬菜、乾貨	蔬菜、乾貨
蒸物	蔬菜、茶碗蒸、蛋豆腐	（不適合）
鍋物	什錦鍋、小鍋、關東煮	小菜的什錦鍋、關東煮
飯類	什錦炊飯、粥、泡飯	什錦炊飯、粥、泡飯
麵類	麵線、烏龍麵、蕎麥麵	麵線、烏龍麵、蕎麥麵
浸物*	蔬菜、海藻、南蠻漬、鯡魚卵	蔬菜、海藻、南蠻漬
提味	蛋捲、糝薯類**	（不適合）
調味料	二杯醋、三杯醋、八方露、鰹魚露	二杯醋、三杯醋、八方露、鰹魚露

譯註：* 食材煮熟後泡在醬汁裡入味　** 海鮮磨成泥加山藥製成的丸子

二杯醋

製作方式

混合醋3大匙、淡味醬油2～2.5大匙、鹽少許，一邊確認味道，一邊慢慢加入高湯1杯。

三杯醋

製作方式

混合醋3大匙少、淡味醬油1大匙多、鹽少許、煮過的味醂1大匙多，一邊確認味道，一邊慢慢倒入高湯1杯，攪拌均勻。

八方露

製作方式

酒⅔杯和味醂½杯用鍋子加熱後再加入淡味醬油1杯。一邊確認味道，一邊慢慢倒入高湯1杯。根據用途調整高湯的量。

濃縮山珍海味

小魚乾高湯

小魚乾高湯

材　料

小魚乾粉……3大匙

水……3杯

昆布和乾香菇湯鍋的材料

昆布……5公分方形5～6片

乾香菇……小5～6朵（大2朵）

水……7杯

製作小魚乾粉

選購有光澤的小魚乾。魚頭和魚身分開，去除魚鰓裡的血塊。拇指放在魚背，食指放在魚肚，捏碎取出魚腸。

由於魚頭和魚身煮熟所需的時間不同，因此要用不同的鍋子拌炒。平底鍋開火加熱，等鍋子熱了之後轉文火，放入魚身。拌炒大約20分鐘，直到散發香氣且酥脆的狀態，魚頭也用同樣的方式拌炒。魚身和魚頭拌炒至54頁照片（手指圖示）的顏色即可。用擂缽將魚頭和和魚身磨成粗的粉末後裝瓶，冷藏或冷凍保存。

製作方式（如果沒時間自製小魚乾粉，可參考157頁的市售品）

1. 根據前述的順序製作小魚乾粉。

2. 準備兩口小鍋，依照分量分別放入「小魚乾粉、水」和「昆布、乾香菇、水」，至少靜置1小時。分成兩鍋是為了避免小魚乾的腥味影響昆布等。

3. 同時開文火加熱**2**的兩口鍋子。小魚乾的鍋子會先煮開，因此必須調整火力，維持在即將沸騰的狀態。昆布和乾香菇的鍋子也相同。

4. 試味道，等到小魚乾的味道充分釋放出來之後，篩網鋪上用水沾濕的布（不織布的紙巾等），將小魚乾的高湯過濾倒入昆布和乾香菇的鍋裡。煮開後需要幾分鐘的時間小魚乾才會釋放鮮味，有時需要將近10分鐘。

5.維持4在即將沸騰的狀態，熬煮10～20分鐘。等到鮮味釋放到極致之後，取出昆布和乾香菇。再次用布過濾是更仔細的做法。剩下的香菇可以用來製作各式料理。

重點提示

選擇魚身沒有碎裂的新鮮小魚乾，將魚頭和魚身分開，去除血塊和魚腸。

分別拌炒魚頭和魚身，用擂缽或食物調理機打成粗的粉末後保存。

準備兩口鍋子，分別放入「小魚乾粉」和「昆布、乾香菇」，分別依照分量加水靜置。

兩口鍋子同時開文火加熱。煮開之後分別調整火力，保持在即將沸騰的狀態。

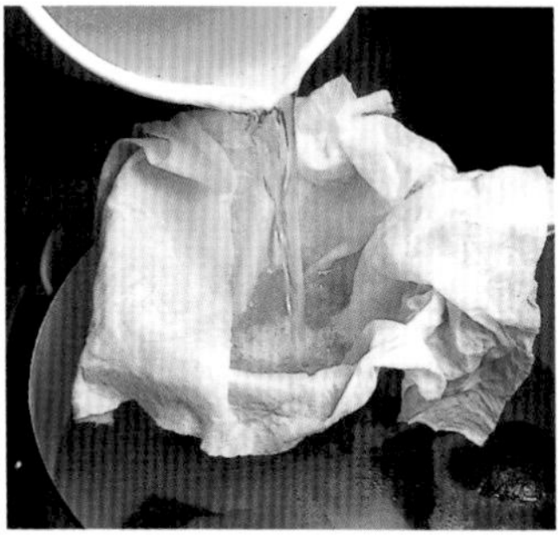

試味道，等到小魚乾的味道充分釋放出來之後，過濾倒入昆布和乾香菇的鍋裡。

繼續熬煮 10 ～ 20 分鐘，等到鮮味釋放到極致之後，取出昆布和乾香菇。

不要忘記有高湯是一件多麼奢侈的事

不習慣的人需要下很大的決心才會開始熬煮高湯。

雖然我注意挑選安全的食材，但也並非沒有使用粉末高湯的經驗。

女兒剛上幼稚園時，袋裝的柴魚種類豐富，當中也不乏好的選擇。至今為止我都是自己削柴魚，記得有一次改用了袋裝柴魚，女兒問我：「為什麼不自己削柴魚了呢？」對女兒而言，看到母親在家裡削柴魚是理所當然的日常風景。雖然只是一件小事，但我卻認為是非常重要的事。

話雖如此，如一番高湯這般需要大量使用柴魚片的熬製方式，也許有人會感到經濟上的壓力。市面上應該有高品質又不是太昂貴的柴魚，希望大家能多嘗試尋找。

上面介紹的食譜可以熬製相當大量的一番高湯。如果能夠趁週末連二番高湯一起熬製，接下來的一週就可以享受各種不同的吃法。忙碌的人只要有了高湯，烹飪也不需要花費太多的功夫。如果還能順便製作二杯醋、三杯醋、八方露，就不需要買高湯粉。

說到底，養成熬高湯的習慣或許是節省麻煩的捷徑。

（文：辰巳芳子湯品會　矢板靖代）

第三章

守護生命的煎湯

香菇、昆布以及日式醃梅是這個風土孕育出的稀有食品。所有寺院自古以來重視的東西都有其道理。不僅美味，更具備醫食同源的條件。

守護我們的糙米煎湯

所謂飲食文化，是各民族為了擁有更好的生存和發展而拚命思考，經過反覆試驗累積所得的經驗。

出人意料地，在生存之道上，最顯眼的不是誇張或美麗的東西。

糙米湯也是其中之一。從離乳期起至臨終為止，煎湯都守護著我們的生命。

根據許多人的反應，沒想到糙米湯除了有滋養的效果之外，還有助於排便。

預先炒好一週份的糙米，如此一來每天都可以輕鬆煎煮糙米湯。然而，對現代人而言，炒糙米似乎也是一件非常困難的事。

如果能自己炒糙米最好不過，但如果自己有病在身或必須照看病人，可能無法自己炒。

位於新潟縣新發田市的非營利組織加治川為了這些人著想，將人工拌炒的糙米商品化，進行販賣（參照158頁）。

從離乳期起
至臨終為止

糙米湯

糙米湯

材 料

炒過的無農藥有機栽培糙米……約0.5杯

天然昆布……5公分方形2～3片

日式醃梅……1顆（如果有籽就用3顆）

水……5杯

※一次拌炒2杯糙米，剩下的備用。

製作方式

炒糙米（沒有時間的人請參照158頁的市售炒糙米）

1. 洗過的糙米泡水約30分鐘後瀝乾，靜置約6小時。
2. 材質厚的平底鍋加熱，放入糙米。如果全開是10，那麼以約6左右的火力將糙米拌炒至中心部熟透，米粒膨脹。聽到米粒發出劈哩啪啦的聲音之後，將火力轉為3。用木鏟均勻拌炒，直到發出香氣且整體呈小麥色，時間大約20分鐘。如果呈褐色就是炒過頭了。

煎煮糙米

3. 琺瑯鍋裡放入糙米、昆布、日式醃梅、水，開火加熱。一開始是中火，等到煮開之後將鍋蓋移開一點，火轉小，繼續滾煮大約30分鐘。試試湯和糙米的味道，辨別是否已經煎煮到極限。如果糙米還有味道，就表示還不夠。
4. 關火後立刻用過篩網過濾。建議將煎煮好的湯倒入其他溫熱過的容器裡。剩下的糙米可以參照66頁再利用，這樣就不會浪費。

重點提示

使用平底鍋，如果全開是 10，那麼先以 6 的火力加熱。將米炒到膨脹。

聽到米粒發出劈啪聲音後，將火力轉為 3，炒至小麥色。注意如果炒至褐色就是炒過頭了。

用琺瑯鍋煎煮。煮開後調整火力繼續滾煮，火力不要過小。

等到糙米的味道全部釋放出來之後關火，立刻過濾。將煎煮好的湯倒入其他溫熱過的容器裡。

應用範例

雜燴糙米粥（右圖）

糙米加入高湯煮成雜燴粥。用葛粉或太白粉勾芡更容易入口。

什錦拌飯（左圖）

趁剩下的糙米還溫熱時，加入剩下的日式醃梅（稍微搗碎），再均勻淋上橄欖油。

菌蕈研究所的報告

香菇湯是利用「蒸」的技巧帶出香菇、昆布、日式醃梅的滋味。由於不是直接開火加熱，而是用「蒸」的方法間接加熱，因此可以抑制香菇的苦澀味，仔細帶出鮮味。一定要使用日本國產的原木香菇，獲取橡樹和櫟樹的力量。

聽說位於鳥取市的「財團法人日本蕈菇中心——菌蕈研究所」是日本第一所研究包括蕈菇在內的菌類學術研究機關。

根據研究所的調查，橡樹和櫟樹的原木香菇在最接近自然的山區生長，直接從當做菌床的原木當中獲取養分。如果是用木糠當做菌床、以米糠類為營養劑所栽培出的香菇，主要的養分都來自營養劑，味道完全不同（最新的發展是研究以豆渣為菌床）。

據說原木香菇含有的營養成分可以強健骨骼，預防肥胖，提高免疫力，改善膽固醇和動脈硬化。尤其是乾香菇，比新鮮香菇更營養。強化骨骼健康的維生素D在經過陽光照射後會大幅增加，泡乾香菇的水可望大幅降低膽固醇和血壓。

蒸煮的香菇湯可以毫無保留地帶出香菇的所有滋味。

母乳般的滋味

香菇湯

香菇湯

材　料

日本產的原木香菇……30～40公克

昆布……5公分方形3～4片

水……6杯

日式醃梅……1顆

事前準備

依照分量將水放入鍋內，香菇和昆布浸泡約1小時。

製作方式（蒸煮香菇湯最適合使用159頁介紹的蒸氣調理鍋）

1. 按壓菇軸根部，確認中心部位也泡軟之後，取出香菇和昆布。將取出的香菇和昆布放入可以放進蒸鍋的容器（碗等），加入日式醃梅。注意香菇不要泡過頭。
2. 為了縮短蒸的時間，將泡香菇和昆布的水放入另一口鍋子，加熱之後過濾倒入**1**的容器內。
3. 蒸鍋加入大量的水，再將**2**的容器放入蒸鍋，容器蓋上蓋子。如果使用的是沒有蓋子的碗，也可以用盤子代替蓋子。蒸鍋也蓋上蓋子，開始蒸。
4. 冒出蒸氣後繼續蒸大約40分鐘。保持有蒸氣，用文火慢蒸，在接近40分鐘時確認味道。如果湯散發出梅子微微的酸味，而且喝不出濃烈的菇味，就代表蒸好了。
5. 關火，擦掉多餘的水蒸氣，取出香菇、昆布、日式醃梅。這個時候不要用力擠汁。蒸好的湯用布過濾，再開火低溫加熱殺菌。

重點提示

將泡水回軟的香菇和昆布，放入有蓋子的容器，再加入日式醃梅。

泡香菇和昆布的水放入另一口鍋中加熱，再用布過濾倒入裝有香菇和昆布的容器內。

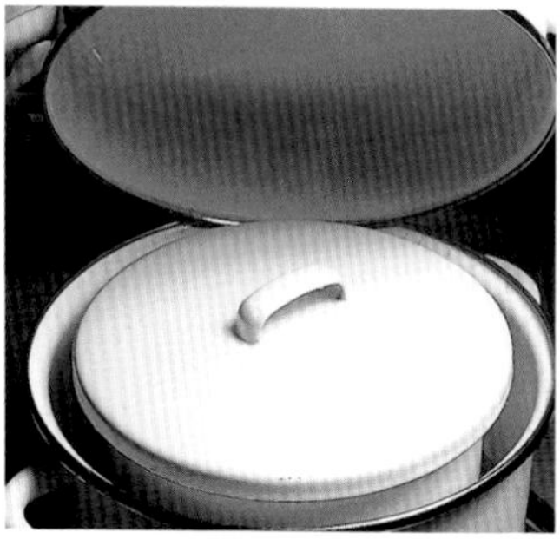

準備蒸氣調理鍋等蒸鍋，容器蓋上蓋子後放入。蒸鍋也要蓋上蓋子。

重點提示

大約蒸 40 分鐘，等到湯散發出梅子微微的酸味，而且喝不出濃烈的菇味，就代表蒸好了。

蒸好的湯取出香菇等過濾，再開火低溫殺菌。

香菇湯的應用範例

香菇的應用方式（右圖）

剩下的香菇可以成為燉煮料理的材料。切成薄片之後加入高湯、砂糖、味醂、醬油熬煮保存，也可以當做湯料使用。

咖哩醬（左圖）

拌炒香菇、大蒜、生薑、洋蔥、豬絞肉，加入咖哩粉和過篩的麵粉拌勻，再加番茄、醬油、肉類高湯（bouillon）、鹽、胡椒粉熬煮。

越是疲勞的時候越能知道效果

在日文中，所謂「煎湯」是將食材放入水裡，利用火力濃縮製成的湯品。糙米湯和香菇湯是最能代表「守護生命」的煎湯。糙米湯直接加熱煎煮，香菇湯則不是直接加熱，而是使用蒸的方式。

兩者喝起來都沒有特殊的味道，很容易入口。香菇湯的烹調手法非常簡單，喝起來就像高品質的清湯。

兩者的味道都非常細緻，身體狀態好的時候，或許會覺得有些平淡。然而，當身體感到疲倦時，請一定要試試。喝完之後會發現身體變得輕鬆，實際感受到煎汁的力量。

將香菇從蒸好的湯裡取出時不要擠汁，保留鮮味。熬湯剩下的香菇一半保持原樣，另一半切成薄片，可以用來製作燉煮物或其他湯品。切碎之後加進咖哩醬或肉醬裡也很美味。剛蒸好的香菇湯最好，如果要重新加熱，隔水加熱是更細膩的做法。

無論是健康的人、病人或是需要安養的人，糙米湯和香菇湯能夠溫暖所有人的身心。

（文：矢板靖代）

菜單範例

將烤星鰻放在香菇飯上，撒上切碎的柚子製成便當。搭配香菇湯和醃漬時間短的柴漬（譯註：茄子、小黃瓜等加入紫蘇葉鹽漬）。

第四章

大地的恩賜

我在九年前出版了湯品書《為了你》，為了不至於在時代中迷失方向，我於是進行了指導五百多人製作湯品的實驗。

雖然書中的「解說」目前沒有需要訂正的地方，但近年的醫學研究解開了腸道消化吸收的機制，也讓我重新認識湯品的意義。

集合秋收的成果

雜穀湯

首先製作「湯底」，之後只要倒入熱水即完成。這道湯品尤其可供栽種穀物的地區參考。

雜穀湯①事前準備製作湯底

湯底的材料（一次約7〜8人份）

豬絞肉……200公克
生薑汁和酒……各1大匙
培根……70公克
乾香菇……3〜4朵
大麥……100公克
稗、粟、黍……各40公克
洋蔥……130公克
西洋芹……70公克
橄欖油……3大匙
鹽……⅔小匙
白酒……⅓杯
雞高湯和泡香菇的水……合計2〜4杯

事前準備

豬絞肉加生薑汁和酒拌勻，靜置2小時以上。培根切掉燻過的部分之後汆燙，切成5公釐厚的條狀。香菇泡水回軟，切碎。雜穀分別用布巾包起來，以流動的水充分清洗，泡水10分鐘後瀝乾。洋蔥和西洋芹切碎。

湯底的製作方式

1. 將洋蔥和橄欖油放入材質厚重的鍋子裡，用木鏟拌勻後再開火。蓋上蓋子轉文火，不時用木鏟仔細攪拌。附著在鍋蓋上的水氣倒回鍋裡，蒸炒直到洋蔥刺鼻的味道消失，慢慢散發出香氣為止，小心不要燒焦。
2. 西洋芹放入**1**的鍋裡，等到西洋芹吸收油份變得透明之後，加入豬絞肉和培根，繼續不時攪拌。如果感覺快要燒焦，可以加一點水。豬絞肉變色之後繼續拌炒一陣子。
3. 絞肉充分炒熟後加入香菇、鹽，繼續拌炒。香菇炒軟之後，依序放入大麥、稗、粟、黍拌炒。
4. 白酒倒入**3**的鍋裡，充分拌勻，再加入雞高湯和泡香菇的水。開中大火加熱，沸騰後轉文火，熬煮15～20分鐘直到呈現粥狀。熬煮的時候注意撲鍋，且不時用木鏟攪拌鍋底，以免燒焦。

※一次可以做3倍的量，分裝冷凍保存。最後的收尾參照82頁的順序。沒有比這個更方便的湯底了。也可以納入營養午餐的菜單裡。

重點提示

將回軟的香菇、洋蔥、西洋芹一一切碎。

蒸炒洋蔥，再依序加入西洋芹、豬肉、培根。肉變色之後再繼續拌炒一陣子。

加入香菇、鹽，雜穀則依大麥、稗、粟、黍的順序，加入拌炒。

加入白酒充分攪拌，再加入雞高湯和泡香菇的水，蓋住所有材料。

文火熬煮成粥狀。不時用木鏟從鍋底翻攪，充分混合均勻。

根據 80 頁的比例，一次可做 3 倍的量備用，分裝冷凍保存更方便。

雜穀湯②收尾
使用湯底製作湯品

材 料

雜穀湯的湯底……1份
里芋或山藥……適量
油炸用油……適量
熱水……適量
鹽……適量
香芹或切碎的生薑……適量

製作方式

1. 里芋削皮後切塊，用180度的油炸過後撒少許鹽。
2. 雜穀湯底解凍後放入鍋內，根據個人喜好倒入熱水調整濃度，蓋上鍋蓋用文火加熱。
3. 將**1**的里芋加入**2**的鍋裡，熬煮5～10分鐘入味，嘗試味道，有需要的話加少許的鹽。
4. 關火盛裝，根據喜好撒上香芹或切碎的生薑。

菜單範例

用盤子盛裝的雜穀湯搭配海鮮南蠻漬（譯註：海鮮炸過之後再醋漬），佐黃瓜、蘘荷、白蘿蔔等醃漬物。

海鮮南蠻漬的製作方式

甜醋的材料

醋……2/3杯
酒……1/3杯
鹽……2/3小匙起
砂糖……1.5大匙起
醬油……0.5大匙起
水或昆布高湯……2/3杯

製作方式

將甜醋的材料放進鍋裡，文火加熱之後裝進適當的容器，趁熱將不裹粉油炸的海鮮、蔬菜、紅辣椒等放入甜醋裡浸泡大約半天。

聰明且美味地享用雜穀

喜歡雜穀的人默默在增加中，似乎是因為下列幾個理由：①可抑制異位性皮膚炎等過敏症狀；②礦物質、蛋白質、食物纖維比白米豐富；③不需要多餘的肥料或農藥等就可以栽種。

「雜穀」是米、小麥、玉米之外的小粒穀物的總稱。具代表性的雜穀包括稗、粟、黍、高粱、蕎麥、莧菜籽等。

直到昭和初期為止，許多人的體力都很好。日本步兵可以全副武裝，負重32公斤行軍。有人說，這是吃雜穀所培養出的體質。

生命的「質」不是一代就能培養出來的。例如，從我們的身體裡可以輕易找到三代之前的生命傾向。住在都市裡的年輕人吃的是甜麵包、中華包子、瓶裝飲料，如此一來很難傳承生命的「質」。

日本的雜穀自給率大約10％。據說雜穀非常能夠適應氣候的變化。針對日本的休耕地，比起栽種飼料米的水田，改栽種雜穀或許更有效率。然而，這必須仰賴消費者提高意識，培養聰明且美味享用雜穀的習慣，增加需求量。

雜穀的營養價值高，但如果跟米一起煮，很難抑制雜穀特殊的風味。**上面介紹的方法可以輕鬆消除雜穀的特殊風味和澀味**，重點在於油脂的使用方式。希望大家**不要小看雜穀**，多加參考。

我還會在雜穀湯裡加入氽燙過的雞胗和心臟，非常營養。另外，加入鵪鶉、雉雞等野禽也別有風味，還可以成為宴客的料理。

搭配精心製作的沙拉，飯後再來一些美味的水果就很滿足。

幫身體降火

冬瓜葛羹湯

冬瓜葛羹湯

材　料

冬瓜……1公斤
乾香菇……3～4朵
油豆腐皮……適量
毛豆……適量
高湯（一番高湯、小魚乾高湯、飛魚、蝦米、干貝泡水回軟的高湯、雞高湯等擇一）……6杯起
鹽……1小匙多
日式醃梅……1顆
淡味醬油……1大匙多
葛粉……3～7大匙
蘘荷……適量

事前準備

冬瓜切成較厚的圓片，削去厚厚一層外皮之後再切成長5公分、寬3～4公分的方形。中間帶籽的冬瓜瓤不要丟掉，熬煮過程中會加入。

香菇泡水回軟，去除菇軸切成薄片。油豆腐皮放進滾水裡去油後切成長條形。

毛豆水煮之後從豆莢裡取出豆子。

製作方式

1. 快速沖洗切成方形的冬瓜，將原本有皮的一面朝下，排放進鍋中。
2. 倒入高湯蓋住食材，加入0.5小匙的鹽、日式醃梅、香菇、油豆腐皮，開文火靜靜熬煮，中途加入切成適當大小的冬瓜瓤，繼續熬煮。
3. 2煮到八分熟之後關火，加入毛豆，利用餘溫將所有食材煮軟。
4. 試試味道，有必要的話再加入適量高湯，為了溶解葛粉，從鍋內取出⅔杯的湯。再度開文火，加入剩下的鹽和淡口醬油調味。
5. 取出的湯冷卻之後用來溶解葛粉。用木鏟一邊攪拌鍋裡的湯，一邊慢慢倒入溶解的葛粉，等到湯變得濃稠之後就可以關火。
6. 將5盛入碗裡，再放上冰鎮過的蘘荷。

重點提示

冬瓜切成方形，原本有皮的一面朝下，排放進鍋中。

倒入高湯蓋住食材，加入鹽、日式醃梅、香菇、油豆腐皮，開文火靜靜熬煮。

從鍋中取出的高湯冷卻之後用來溶解葛粉。用木鏟一邊攪拌，一邊慢慢倒入溶解的葛粉。

慢慢加入溶解的葛粉，等到湯變得濃稠之後關火。如左邊照片的狀態就完成了。

提升腎臟功能的夏日蔬菜

冬瓜的原產地在東南亞，中醫認為冬瓜可以降火，屬於涼性蔬菜。據說冬瓜具有提升腎臟功能的藥效，種子甚至被當做利尿劑使用。屬於夏季蔬菜卻叫做冬瓜，有一說是因為只要放在陰暗處就可以保存到冬天。為了度過最近炎熱的夏天，冬瓜是人們希望出現在餐桌上的食材之一。烹調時要注意不要煮過頭。如果煮過頭，可能會帶出冬瓜的酸味。有時也會用瓠瓜或長得又長又胖的巨型黃瓜代替，烹調時的注意事項與冬瓜相同。

這道葛羹湯建議加入雞絞肉。製作方式與92頁相同，材料省略油豆腐皮，用冬瓜和日式醃梅熬煮高湯。毛豆加入雞絞肉調味，再倒入葛粉勾芡。如此一來就完成花費很少且小朋友也喜歡的湯品。

雞絞肉另外準備。例如使用雞絞肉200公克，搭配適量的酒、醬油、砂糖、鹽。將所有的材料放進鍋裡充分攪拌，加入0.5杯的水，繼續攪拌。等到變得濃稠之後加入醃梅的籽。開火加熱，用4～5根筷子拌炒。考慮到餘溫會繼續加熱，因此在殘留少許水份的狀態下就可以關火。冷凍保存可以用來製作各式料理，非常方便。

另外，96頁的甜醋醃冬瓜吃起來清爽順口，可以當做早餐的沙拉或搭配啤酒的小菜。

（文：矢板靖代）

應用範例

甜醋醃冬瓜

92 頁第 3 步驟中熬煮至八分熟的冬瓜，取適量裝進乾淨的玻璃罐裡。另外取熬煮的湯汁 1 杯，醋 2.5 大匙、淡味醬油 1.5 大匙、鹽 0.25 小匙、砂糖 2 小匙放進鍋裡煮滾，冷卻後倒入裝有冬瓜的玻璃罐裡，冷藏保存。靜置半天之後即可享用。

有意思的提案

卷纖湯（譯註：日式根莖蔬菜湯）是仲秋到冬天時期，**將日本人的身體絕對必要的成分**，全部集中在一只碗裡的食物，必須加以重視，持續攝取。

大家是否知道愛惜且持續愛惜需要用心與智慧？

不要小看怎麼吃一道菜。如果單純當做一道湯品，只是因為對身體好就不斷地端上餐桌，那麼很快就會吃膩了。

在此嘗試一種有趣的吃法。

卷纖湯裝入小鍋裡，放在餐桌中間，準備辛香佐料，再端出剛烤好的麻糬熱騰騰的麻糬放進碗裡，倒入熱騰騰的卷纖湯，再根據喜好撒上辛香佐料享用。準備白米和糙米兩種麻糬也是不錯的選擇。

最令人期待的是與卷纖湯鍋搭配的各式小菜。

醋醃鯖魚、炙燒醋醃鯖魚、鰤魚的各種變化、金澤的蕪菁壽司、白蘿蔔壽司、油漬牡蠣、醃白菜、麴漬白蘿蔔、蜜煉柚子乾等等。

雖然不是有意推薦熱清酒，但秋天的長夜漫漫。

如果還剩下很多湯，那麼可以煮成粥，當做週日的早午餐享用。

我對日本傳統製作根莖湯的方式存有疑問，因此採用的是義式蔬菜湯的製作方式。

因為我的母親有天說：「從今天起我們家的根莖湯就用義式手法製作。」想必一定不會錯。

用心孕育出的清澈美味

卷纖湯

卷纖湯

材料

牛蒡……100公克
橄欖油（沙拉油也可以）……2.5大匙
紅蘿蔔……150公克

蓮藕……150公克
白蘿蔔……500公克
蒟蒻……⅔片
乾香菇……4～5朵
油豆腐皮……1.5片
小魚乾高湯（參照50頁）……10杯
鹽……1小匙
淡味醬油……3大匙
里芋……300公克
木棉豆腐……1塊（350公克）

材料的切法

白蘿蔔

削皮後切成厚度約 1 公分的扇形。白蘿蔔的厚度是所有食材的基準。紅蘿蔔和牛蒡的厚度是白蘿蔔的一半。

牛　蒡

去除表面的泥土，切成厚度 5 公釐的圓片，泡水去除澀味。中途不要換水。

乾香菇

如果比較小朵，回軟後去除菇軸，切成四等份。比較大朵的香菇則隨機應變。也可以使用熬煮高湯之後剩下的香菇。

蒟　蒻

用鹽搓揉後水煮，切成厚度 7 公釐的方形。用鹽搓揉後水煮是去除蒟蒻異味最基本的事前處理。

材料的切法

紅蘿蔔

削皮之後切成厚度5公釐的扇形，泡水10分鐘。不要泡太久，以免鮮味和營養流失。

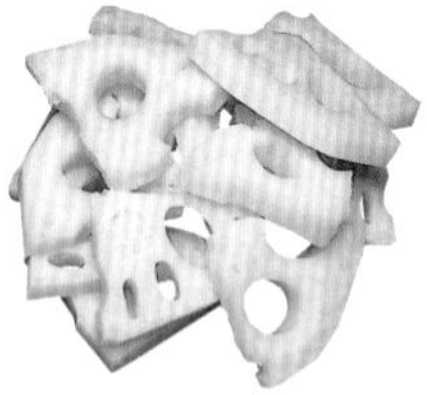

蓮　藕

削皮之後切成厚度6公釐的扇形，泡水10分鐘。與紅蘿蔔相同，注意不要泡太久。

油豆腐皮

切成1.5公分的方形。有些油豆腐皮不需要去油，但大多數最好是過熱水去油後再使用。

里　芋

削皮之後用布擦去表面的黏液，切塊。或是切塊後用洗米水煮至五分熟，另外再用熱水清洗。

製作方式

1. 根據101頁的要領，將事前準備好的牛蒡和橄欖油放入材質厚的鍋裡，用木鏟攪拌之後開文火並蓋上蓋子。不時打開鍋蓋靜靜攪拌，蒸炒直到牛蒡散發香氣為止。
2. 紅蘿蔔加入1的鍋裡。等到紅蘿蔔表面出現光澤後，依序放入蓮藕、白蘿蔔。其間不時將附著在鍋蓋上的水份倒回鍋裡，仔細拌炒所有材料。
3. 白蘿蔔炒至透明之後加入蒟蒻。將鍋內的材料集中到鍋邊，讓蒟蒻直接接觸鍋底拌炒，如此比較容易去除蒟蒻的異味。接下來加入香菇、油豆腐皮。
4. 香菇、油豆腐皮加入後稍微拌炒，倒入重新加熱的小魚乾高湯蓋過所有食材。加入一半分量的鹽和醬油，開中火加熱至沸騰。
5. 里芋加入4的鍋裡。如果還沒有沸騰就加里芋會產生黏液。
6. 滾煮5，里芋煮軟之後，將瀝乾水份的豆腐用手剝成小塊後加入。加入剩下的高湯和鹽，再用醬油調味，加熱至豆腐變得溫熱為止。

重點提示

從牛蒡開始蒸炒。不時打開鍋蓋拌炒，直到牛蒡散發香氣為止。

加入紅蘿蔔，表面出現光澤後加入蓮藕，拌炒到照片的狀態後加入白蘿蔔。

將鍋內的材料集中到鍋邊，加入蒟蒻，讓蒟蒻直接接觸鍋底拌炒，比較容易去除蒟蒻的異味。

加入香菇、油豆腐皮，稍微拌炒之後倒入重新加熱的小魚乾高湯蓋過所有食材。

加入里芋。如果還沒有沸騰就放入里芋會產生黏液，必須特別注意。

里芋煮軟之後，將瀝乾水份的豆腐用手剝成小塊後加入。

應用範例

隔天依舊保持美味

建議將剩下的湯和料分開保存，如此一來即使到隔天也不會走味。如果整鍋直接保存，湯和料會相互影響味道。

餺飥鍋

卷纖湯加入用高湯溶解的味噌，加熱至沸騰後加入餺飥（譯註：扁平的烏龍麵）。煮到七分熟後加入事前煮過的南瓜、雞肉，等到麵條全熟之後就完成了。

菜單範例

加了許多根莖類蔬菜的卷纖湯搭配白飯，主菜可選擇柚香烤魚等。再加上高湯拌青菜更美味。

發揮風味的方法

每當到了迎接楓葉的季節，我最想煮的就是加了許多根莖類蔬菜的卷纖湯。

說到卷纖湯，一般都認為要從炒豆腐開始，之後加入所有根莖類蔬菜拌炒。我的湯品教室所製作的卷纖湯，與這種做法非常不一樣。傳統的做法是有其優點，但如果一開始就加入豆腐，很容易就會碎掉，而且各種根莖類蔬菜的風味相互影響，好不容易熬好的湯也會接收各種食材的澀味。為了將澀味降到最低，因此我參考義大利人製作蔬菜湯的手法，採用蒸炒的方式。

蒸炒可以讓澀味降到最低，白蘿蔔是白蘿蔔、紅蘿蔔是紅蘿蔔，確實保持原有的風味。含一口湯在嘴裡，想必會為這個確實且經過淬煉的味道感到吃驚。

訣竅包括切根莖類蔬菜的時候以白蘿蔔的大小為基準，確實拌炒到食材散發出香氣，蒸炒的過程中不要過度翻攪鍋中的食材，且以醬油為主調整味道等。這次使用的是小魚乾高湯，將魚頭和魚身分開拌炒後製成粉末的手續或許不符合現在的時代，可以使用市售的高品質小魚乾粉。

卷纖湯是均衡含有各種必需營養素的健康湯品。有吞嚥困難的人只喝湯也很有幫助。

（文：矢板靖代）

第五章

日常鍋物

各式各樣的土鍋，形狀都非常有趣，蓋子的大小也不一。土鍋看似稀鬆平常，然而，耐火的土在廣闊的世界上實屬少見。日本只有少數地方可以找到少量這樣的土。

除了對這樣的「土」感到吃驚，更想要表達感謝。

土鍋概括了風土

湯豆腐、蔥鮪鍋、大寒湯、海鮮鍋、雞肉火鍋、鴨肉火鍋、壽喜燒、關東煮、泥鰍鍋等等。受到數不盡的鍋物影響，出現了許多有關鍋物的詩句：

湯豆腐啊，漸漸堆成雪，宵之雨——松根東洋城

寄鍋啊，稚嫩未脫，一筷夾起——有賀允惠

雜燴粥，只要下點功夫，媽媽的味道——國分甲子郎

另外還有久保田萬太郎的「湯豆腐啊，生命的盡頭，淡淡的滋味」，鍋物與詩，細細品味其質與量會發現兩者之間令人感動的關聯。生火放上食物，所有人圍在一起守候可以開動的時機，一同祈求食物變得美味。日本東北和北陸地區，一整年的三分之一都在這樣的日子中度過。因此，我認為「鍋物」並不單純僅是料理，更值得我們珍惜與尊敬。

日本的「土」和「木炭」帶動了鍋物的進步與發達，這也是我不願小看鍋物的另一個原因。各式各樣的土鍋，形狀都非常有趣，蓋子的大小也不一。土鍋看似稀鬆平常，

然而，耐火的土在廣闊的世界上實屬少見，日本也只有少數地方可以找到少量這樣的土。除了對這樣的「土」感到吃驚，更想要表達感謝。

另外就是隨著攜帶式瓦斯爐和電磁爐的出現而被大家遺忘的「木炭」。日本位處溫帶，樹木種類繁多，木炭也各式各樣。再加上茶道重視木炭的品質，也就是熱量與火力能夠持續的時間，更講究美感。配合需求，日本的木炭甚至可說是藝術品等級，在世界上數一數二。木炭爐展現美好的線條，即使放在桌上也很美觀。別忘了這個美麗的熱源也是促進鍋物發達的推手。

我想大聲呼籲「甜麵包派」的人。只要選擇新鮮的食材，注意搭配性並使用高品質的調味料，就可以不費力地享受鍋物帶來的幸福。如果沒吃完，隔天可以加烏龍麵或煮成粥享用。單身的人還可以避免營養失衡的問題。不要說什麼越來越孤獨，鍋物或許可以為你邀來很多人聚集。

最後向最愛的當令食材表示感謝。

聰明選擇食材創造美味

牛筋肉和香味蔬菜的搶鍋

牛筋肉和香味蔬菜的搶鍋

製作方式（參照126頁）

迎擊下一個時代的飲食方式，那就是聰明運用那些過去不屑一顧的食材創造美味。下面介紹的搶鍋就是其中一例。將富含膠質的牛筋肉（如果是有品牌的牛更無所挑剔）煮軟，可以吃到膠質獨有的鮮味和口感。訣竅在於事前的處理。牛筋肉、蔥、生薑放進深的鍋子裡，加入昆布、香菇、日式醃梅、鹽，倒入水，水位大約在食材以上3公分。沸騰前使用大火加熱，沸騰後蓋上鍋蓋，轉文火燉煮，直到牛筋肉變得軟嫩。搭配的蔬菜全部切絲。辛香佐料則有白蘿蔔泥、蝦夷蔥。沾醬有辣椒醬、柚子胡椒、酸橘、醬油等。也可以加一點酒在湯裡提味。放入大量的牛筋肉，慢慢加熱。首先搭配辛香佐料享受牛筋肉濃稠滑順的口感，再一筷子夾起切成細絲的西洋芹和山芹，放進湯裡稍稍涮過，享受爽脆的口感。牛筋肉軟嫩，蔬菜爽脆。

鰤魚高潔的形體

大寒湯

大寒湯

第一次看到能登的鰤魚時，我被其高潔的形體打動，讓我於心不忍，想著「好想放回海裡」。這種感到抱歉的心情，成就了這道料理。

製作方式

1. 切塊的鰤魚頭撒上薄鹽、檸檬汁、生薑汁，靜置2小時。擦拭滲出的汁液。可能的話最好用炭火烤。烤好之後放進用日本酒和少量淡味醬油調製的醬汁浸泡。中途上下翻面，浸泡約20分鐘。
2. 白蘿蔔切成粗的條狀，風乾約1小時。日本大蔥切成2公分小段，用另外的網子分開烤，當做辛香佐料。如果有山芹更好，再準備七味粉。湯底可以是清湯或加一點味噌。白蘿蔔保留爽脆的口感。同時烤鰤魚和大蔥。

關於鍋物的一些事

「今天吃什錦鍋，幫我準備火爐和火。」

準備六人份的什錦鍋，必須預想需要的木炭，避免中途還要加炭。

我於是準備了兩種炭，一種火力溫和，另一種火力強大且持久。

壽喜燒或關東煮還容易些，什錦鍋就需要特別注意。不需要大道理，從這樣的過程中就可以培養出生存之道所需的洞察力。

年輕人的救世料理

湯泡飯

湯泡飯

湯泡飯的根源是救荒食物（讓米可以吃久一點）。下面這道菜很能展現湯泡飯的原形。在生活窘迫的戰爭時期，有一天的晚餐，母親突然端出湯泡飯。就好像不知道這是救荒食物一般，一切都是這麼自然。

飯碗盛略少的麥飯，淋上蔬菜湯，再撒上喜歡的辛香佐料。先喝一口湯，接下來就和吃茶泡飯一樣。高湯使用小魚乾高湯，非常美味。

這種吃法對年輕人而言，說不定是救世料理。無論從營養學的角度或是從不足的烹調能力來看皆是如此。沒有理由不嘗試看看。

製作方式（參照127頁）

1. 白蘿蔔削皮後切成長條，紅蘿蔔切成比白蘿蔔更細的長條。牛蒡像削鉛筆一樣削成絲，泡水備用。乾香菇切成薄片，里芋削皮後切成厚度1.5公分的薄片。將切好的里芋放入加了米糠的水裡，煮滾後瀝乾備用。

2. 高湯和浸泡香菇的水倒入土鍋，稍加調味，接近清湯。

3. 加入風乾過的白蘿蔔和紅蘿蔔，之後再放入牛蒡和香菇，煮至五分熟。此時確實調味，加入里芋熬煮，直到變軟為止。

適合初學者

豆腐與白菜的羹湯鍋

豆腐與白菜的羹湯鍋

如果是豆腐羹的話還需要另外搭配蔬菜，我於是將豆腐和蔬菜二合一，製成羹湯鍋。這道菜適合雙薪家庭、獨居，或是料理初學者製作。

用土鍋加熱高湯，加入少許的鹽和淡味醬油調味。放入切成細絲的白菜，煮軟之後再度調味。高湯溶解葛粉，慢慢倒入鍋中勾芡，最後放入切成長條的豆腐，搭配生薑泥享用。

使用市售品
一人獨享的味噌烏龍麵

一人獨享的味噌烏龍麵

一人獨享的味噌烏龍麵加入雞肉、魚板、蛋、青菜、蔥、香菇等熬煮而成。烏龍麵吃完之後，白飯倒進剩下的湯裡，搭配醃蘿蔔乾，不浪費一滴湯汁。

可以使用市售的烏龍麵和味噌。這裡選用的是角久的八丁味噌烏龍麵（參照161頁），是使用日本國產小麥製成的正統熟成麵和豆味噌。

重點提示

牛筋肉的事前準備。熱水氽燙牛筋肉，充分沖洗之後放入備料盆裡，用極小的流動水沖洗30 分鐘。

煮牛筋肉。煮熟之後取出肉以外的其他材料，連同鍋子一起放涼之後取出牛筋肉。湯汁撇油之後可以用來製作其他的料理。

湯泡飯的事前準備。將紅蘿蔔和白蘿蔔切成長條，舖在笳籬上，至少風乾 1 小時。

鍋裡美麗的模樣。雖然放了里芋，但事先用加了米糠的水煮過，因此不會產生澀味。

享受美味鍋物的技巧

在家裡圍爐的時候，影響大家能否展現笑顏的關鍵在於材料的事前處理。假設有人不喜歡鱈魚鍋，卻讓他吃到沒有做好事前處理的火鍋，那是一件多麼不幸的事。

有些葉菜類和根莖類蔬菜也需要經過事前的處理，海鮮和肉類更是如此，有或沒有經過事前處理，吃起來的味道完全不同。也就是說，為了讓火鍋吃起來更美味，必須做好事前處理。

例如魚，即使是已經去鱗的魚，也要仔細用刀背再刮一次。用加了檸檬的熱水汆燙，清洗乾淨之後再下鍋。肉類也相同，先用熱水煮，去除油脂和髒汙。貝類則撒上適量的鹽，兩手以搓揉的方式清洗，沖掉貝殼上的髒污，重複幾次同樣的動作。牡蠣這類買回來的時候就沒有殼的貝類也同樣要撒鹽清洗，去除髒汙。

魚的事前處理除了汆燙之外，還可以烤。魚頭或魚骨撒鹽後放入裝有瀝水板的容器，再放進冰箱靜置數小時至兩天，藉由滲透作用脫水。烤熟後放進火鍋裡，非常美味。

另外，說到火鍋，一般而言都是將許多食材一起放進鍋裡煮。然而，如果可以的話，捨棄這種大雜鍋的方式，根據人數用高湯加熱經過事前處理的食材，再分別盛入個人的碗裡，吃起來更清爽。

（文：矢板靖代）

自我救濟的方法

（為了沒有時間、單身、手拙、懶惰的人設計的料理）

所謂生存是為了成就生命。個人、社會、國家、地球整體，各個層面都必須創造出必要的條件。下面介紹的是可以輕鬆開始的簡單方式，將其當做成就生命的基礎，靈活運用。

命之藥

據說在沖繩被認為有起死回生之效。「命之藥」的日文是nuchigusui：nuchi是生命，gusui是藥。碗裡放上一撮柴魚、生薑泥1～2小匙，淋上淡味醬油。倒入熱水後蓋上蓋子，等待1分鐘。只喝上層的清湯，喝完之後通體舒暢。也可以加日式醃梅。

自我救濟的方法

命之藥

日本蔥天鵝絨醬真是好東西

用橄欖油拌炒切成小段的蔥和生薑，等蔥變得軟爛之後加入白酒熬煮，讓酒精揮發。加高湯和水，煮到如下面照片這般濃稠即可，需要花上一段時間。富山大學生藥研究所的林利光教授透過老鼠實驗證明，日本蔥具有預防流感的效用，還可以提升免疫力。

市售的高品質高湯

推薦「潮之寶」「黑潮之力」「雞高湯」等品牌，是可以安心使用的市售高湯。詳情請見157、160頁。

日本蔥天鵝絨醬

早晨的湯品

使用天鵝絨醬（132 頁）製作早晨的湯品。從玻璃瓶舀出 1 大匙的天鵝絨醬，倒入熱水，再放入白色的舞菇。

傍晚的湯品

準備蛤蠣湯，再加入日本蔥天鵝絨醬。同時攝取海和山的營養，一口氣補足能量。

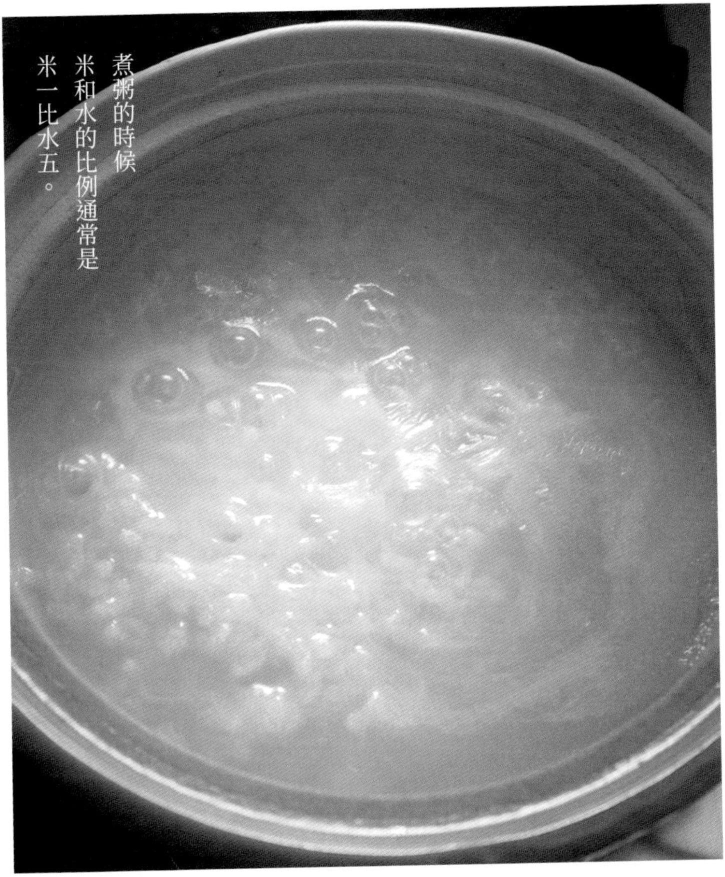

煮粥的時候
米和水的比例通常是
米一比水五。

第六章

像濃湯一樣的粥

「見」這個字的筆劃是從「人」字上面大大的「目」開始寫。日文讀做miru，據說同樣讀音的漢字大約有兩百個，由此可見人類與miru的關係匪淺。

隨著年齡增長，看事和物的方式也隨之變化，別有樂趣。尤其是需要親自動手且可以長期投入的事物，漸漸將專注力從自己轉向這樣的事物。也是因為這樣的法則，讓我覺得粥越看越像濃湯。我之所以說粥像濃湯，絕非是為了引人注意。

粥，安穩地養育生命

我學習製作湯品已經四十餘年，期間不斷地構想、思考。我無時無刻都與學生們一起關心湯品與生命的關係。尤其是老、幼、病的生命。我親眼目睹湯品如何療癒並守護無數憔悴的身心與受傷的生命。然而，這些經驗也帶給我許多煩惱。

根據我的經驗，對許多人而言，無論是品嘗或是製作濃湯，就好像是遠在天邊的事，總覺得少了點什麼。通常都是在飯店或是餐廳才會喝濃湯，而玉米濃湯就好像是濃湯的代表。許多人並沒有察覺我們其實離濃湯很遠。

比較東方與西方的湯品，東方看不到過濾蔬菜泥製成的濃湯，但為什麼西方會出現這樣的湯品呢？我在文獻上找不到濃湯的起源，也尚未能從其他廚師口中打聽到由來。我個人唯一能夠聯想到的是「火上鍋（Pot-au-feu）的鍋底」。

一八〇〇年代在法國建造軍艦的祖父曾經這麼跟我說：「火上鍋整天都在爐上熬煮，依照食材煮熟的順序吃，不夠再追加。」可想而知，鍋底一定累積了許多煮爛的洋蔥、馬鈴薯等。這些煮爛的蔬菜對於離乳期的嬰兒和病人而言價值連城。如果說有一天，某個人只使用蔬菜，模擬火上鍋的鍋底，故意將蔬菜煮爛，這也並非是不可思議的事。或許事情的起源就是令人莞爾一笑的小事。

我思考著，是否能夠將粥當做濃湯享用。於是，我試著將豆腐味噌湯倒進麥片裡，又試著白粥搭配濃湯。這種「意外好喝」的發現，讓我開始對粥產生興趣。

紅豆粥

（紅豆粥、菜粥、地瓜粥的製作方式參照146～147頁）

一次多煮一些紅豆，分裝冷凍方便使用。紅豆富含維生素B_1，過去認為是治療腳氣病的靈藥，每個月的一日和十五日有吃紅豆飯的習慣。另外，紅豆還有利尿、驅蟲、緩解肉類中毒的功效，且有助於乳汁分泌，緩解宿醉。據說如果被動物咬傷，只要喝紅豆粉加水，毒性就不會擴散全身。工作繁忙時，我會吃一點煮紅豆或紅豆飯。週日的早午餐可以嘗試紅豆粥。用事前煮熟冷凍的紅豆煮成粥，紅豆大約是米的¼至⅓左右。可以加入煮紅豆的水調整水量。1杯米加½小匙的鹽。

七草最具代表性
菜粥
週日的早午餐
紅豆粥

溫和的味道

地瓜粥

應用高湯和醬油

葛羹粥

菜粥

菜粥的代表是七草粥。菘、蘿蔔、繁縷、薺、鼠麴草、水芹、稻槎菜，全部具有藥效，由於是嚴冬後生長的蔬菜，因此澀味很少。以前的人是拚上性命才選出這些蔬菜的。「飲食文化是重視生命之下的經驗統計」，很少有人會做出這樣的說明。或許是因為做菜的人不會表達，會表達的人不做菜。製作青菜濃湯需要經過練習，但如果是青菜粥，想必明天起就可以做出來。

地瓜粥

世上有所謂「無害的味道」。薯類的味道大多溫和，地瓜更是香甜。米的鮮甜與地瓜的香甜非常搭配。讓精神亢奮的人吃一碗地瓜粥或許是不錯的選擇。雖然有些浪費，但要厚厚削去地瓜的一層皮，切成1至1.5公分的方塊，用水稍加清洗，泡鹽水約10分鐘後瀝乾。粥煮至五分熟之後加入地瓜。搭配沖繩風味的豬肉味噌享用。

葛羹粥

如果手裡沒有與一番高湯最搭配的淡味醬油，就無法品嘗這個令人感動的美味。製作方式非常簡單。粥的比例是米1兌水4，水份偏少。準備清湯。用冷卻的清湯溶解葛粉，倒入清湯勾芡。用這個濃稠的芡汁包裹白粥入口。

葛粉具有溫熱身體、止渴、止瀉、解酒毒的功效，與近年醫療使用預防嗆咳的增稠劑完全不能相提並論。增稠劑據說是造成排便困難的元凶。

百合粥

在加料的粥品中，我最重視、最喜歡的是新清高雅的百合粥。百合具有鎮靜神經的藥效。我認為，好的米與百合相輔相成。百合的外側又厚又大，越靠中心越小越薄。中心部另外處理，可以與醃梅做成涼拌菜。剝下來的百合泡鹽水約15分鐘，等粥煮到七至八分熟的時候加入百合蒸煮。

清新高雅

百合粥

和風蔬菜湯

味噌湯雜燴粥

味噌湯雜燴粥

馬鈴薯、紅蘿蔔、洋蔥、香菇切成1公分或更大一點的方塊，預先用高湯煮熟。蔬菜類煮熟後瀝乾，湯汁加入味噌。吃之前將味噌湯加熱，再放入蔬菜回溫。最後用這個味噌湯煮粥。

「ojiya」和「zosui」都是雜燴粥，但我認為兩者還是有所不同。煮ojiya的時候不需要沖洗米飯，直接加入熱騰騰的湯裡熬煮。煮好之後可以吃出米的黏稠，保有米的鮮甜。zosui則會將米飯沖洗過後再加進湯裡熬煮，雖然很清爽，但缺少米的鮮甜。

為了煮雜燴粥而多煮一點和風蔬菜湯。

重點提示

紅豆粥

一次多煮一些紅豆，分裝冷凍，方便隨時使用。

菜　粥

製作七草粥時，僅使用軟嫩的葉芯，切碎後撒鹽搓揉，稍微擠乾水份，放進粥裡。

菜　粥

加進七草後，立刻倒入⅓的熱水，充分攪拌。如此一來口感更好。

地瓜粥

預先水煮地瓜。地瓜先泡水，之後再泡鹽水，充分去除澀味。

地瓜粥

粥煮到五分熟的時候加入地瓜。撒些許的鹽。

百合粥

剝下百合瓣，泡鹽水。這是一道借助前人智慧的養生粥。

用心煮粥

從小，只要吃到粥、麻糬等白色的食物，就會有一種潔淨的感覺。尤其是白粥，包括其溫和的味道在內，吃完之後心情平靜安定。經常有人認為粥是病人吃的食物，想必是受到這個讓人能夠沉靜下來的顏色影響。

眾多粥品當中，我個人最喜歡高雅的百合粥。

百合屬於富含蛋白質和鈣質的根莖類蔬菜。碳水化合物和食物纖維的含量也很豐富，以前拿來當做藥使用，是一種具有滋養強壯、利尿、止咳、產後恢復功效的食材。

百合粥可以同時吸收米和百合豐富的營養。煮好的百合粥，百合和粥渾然一體，溫和的口感沒有任何不協調，也沒有好像強行融合兩樣異物的壓力。

煮給病人吃的時候，希望在製作時能夠同時祈禱病人早日康復。洗米，泡水一陣子後慢慢熬煮，小心撲鍋。

最適合的鍋子是土鍋。過去我愛用名叫「行平鍋」的單柄小陶器鍋，但現在已經找不到了。現在可以看到的是有兩個把手的小土鍋。土鍋的熱能傳導恰到好處，使用起來非常方便，買的時候最好挑選材質厚的。

（文：矢板靖代）

關於燕麥片

不知從何時開始，父親固定吃豆腐味噌湯燕麥粥當做消夜。父親泡完澡之後享用，不搭配其他食物。我也曾經將燕麥片當做茶碗蒸的配料使用。就連幸田先生也稱讚過這種做法。

燕麥片有兩種最具代表性的吃法：

①前一晚將燕麥片浸泡在2.5倍的優格或牛奶裡，加上水果享用。

②鍋子煮水，加一小撮鹽，加入燕麥片煮軟之後再淋上味噌湯。

充滿現代性燕麥粥的變化

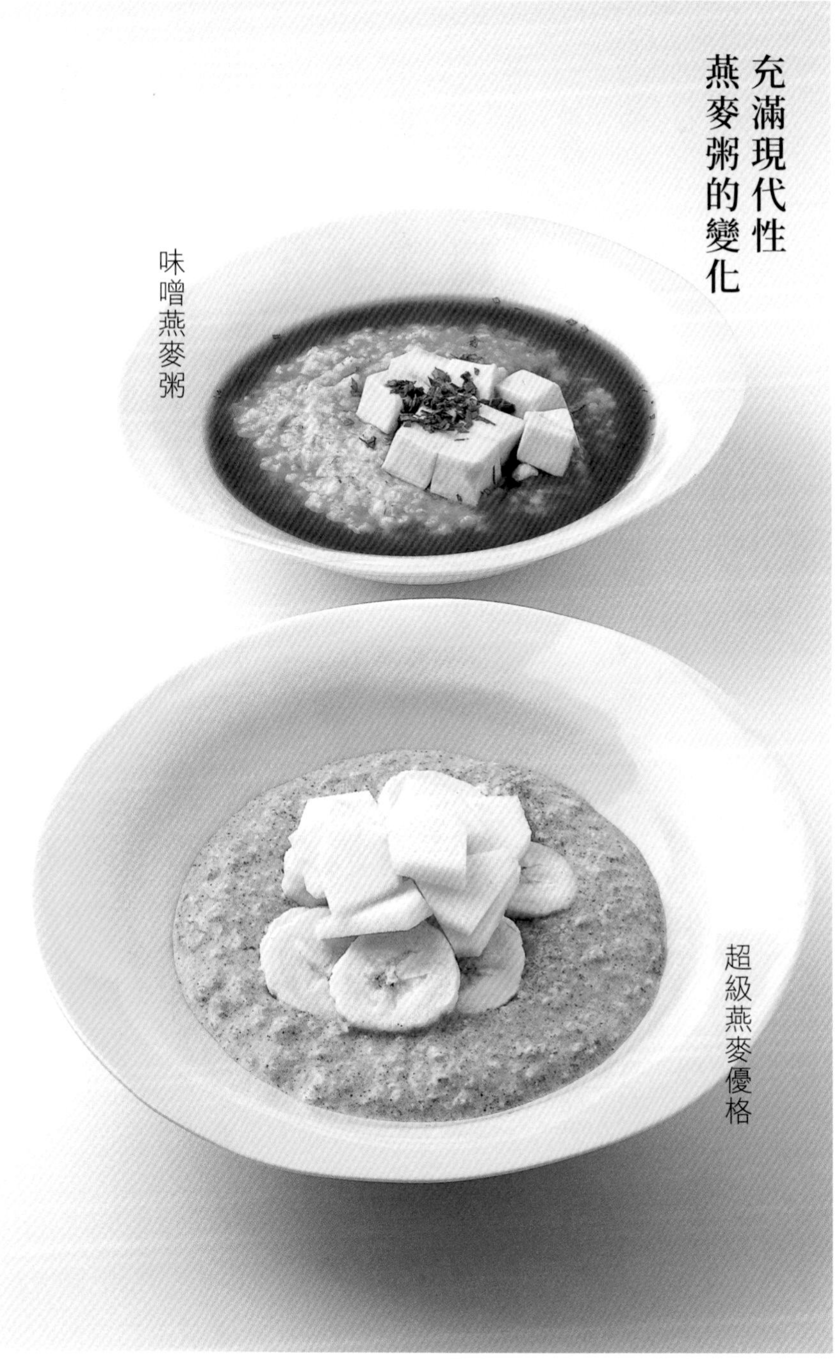

燕麥粥的變化

有越來越多人覺得吃「雜穀」很好，然而卻很少推廣燕麥，這一點令人感到意外。北海道一直無法脫離燕麥是馬飼料的既定印象，因此很難抬頭挺胸地在當地推廣。燕麥片有助消化，且製作起來毫不費力，非常適合現代社會。我進一步思考能夠如何強化燕麥片，讓其成為飲食生活的中心，更可以節省時間。

我於是開發出了「超級燕麥」（參照161頁），以適當的比例混合燕麥片和糙米胚芽、小麥胚芽、二番蕎麥粉（譯註：胚乳與胚芽磨成的中層粉）、炒過的黃豆粉、紅豆粉、芝麻，並以低溫烘焙預防變質。

超級燕麥與二到三天份的優格混勻後冷藏，每天早上舀一碗，再切一些香蕉或蘋果搭配享用。這是一碗營養價值高的機能食品，持續吃會發現體力增強，特別希望外科醫師可以嘗試。

粥的好夥伴

五味之外還有一味，那就是「淡味」，而淡味的代表就是白粥。這樣的淡味需要一些配菜搭配。為了減少口味的落差，醃梅製成的梅醬比醃梅更搭配。其他如柴魚鬆、蛋黃、鮮豆皮、味噌漬物等也是不錯的選擇。

梅醬

將日式醃梅泡水一夜去除鹽份。去籽磨成泥後過篩。鍋裡放入味醂、酒、砂糖，與磨成泥的醃梅一起加熱，融合味道。醃梅會與金屬起化學變化，因此最好使用琺瑯材質的鍋子和馬毛篩。

柴魚鬆（家傳製法）

炒過後磨成粉的本枯鰹節（譯註：經過黴分解過程增添風味的柴魚塊）與水和調味料一起放入鍋裡熬煮。調味料包括酒、味醂、醬油、日式醃梅。煮好之後根據喜好加入紫蘇香鬆和切碎的紅薑。將柴魚粉和調味料、日式醃梅、水放入鍋中開文火，用木鏟攪拌，熬煮至乾爽。如果是給病人吃，可以用昆布高湯取代水。

橄欖油炒櫻花蝦或吻仔魚

可以趁產季便宜的時候多買一些櫻花蝦回來製作。也可以改用吻仔魚。用橄欖油輕輕拌炒切碎的生薑，加入櫻花蝦（或吻仔魚）繼續拌炒，淋上一點酒。完成之後放入玻璃瓶保存。

紫蘇香鬆

將醃梅子使用的紫蘇攤開曬乾後切碎，是飯糰常見的配料，還可以加切碎的紅薑。醃梅子是我每年的例行公事，使用的是院子裡種的紅紫蘇，完全無農藥。

推薦食材和烹調器具

第一章

◉味噌（詳情請洽茂仁香）

善光味噌・真心（甘口）1620日圓（1kg）

善光味噌・欅1080日圓（1kg）

兩者皆是100％米麴釀造的信州傳統味噌。

國產大豆八丁味噌1944日圓（800g）

「真心」使用日本國產黃豆。糀店本店不使用添加物，經過長時間熟成。角久

萬葉乃里972日圓（500g）

淡味醬油「紫大盡」的製造商大久保釀造店製造的味噌湯專用糙米麴味噌。

◉器具（詳情請洽SD企劃設計研究所）

擂缽和研磨棒組（小、中、大）

小5508日圓～大3萬780日圓

擂缽除了用來研磨，還可當器皿使用。

馬毛篩　細網（直徑240mm）

1萬2744日圓

可能需要較長的時間才能到貨。

擂缽的角度和研磨棒的形狀經過設計，只需要平常的1/3時間就能磨好

第二章

◉**高湯**（詳情請洽茂仁香）

利尻昆布4439日圓（500g）

昆布碎片2808日圓（500g）

利尻昆布是產自北海道的最高級昆布。昆布碎片是修整上等利尻昆布的形狀時剩餘的部位。雖然有些部分呈茶褐色，但只要用心處理，仍然可供日常使用。

Soubei／茂仁香

花鰹（四季重寶）1728日圓（160g）

精心挑選鰹竿釣法釣到的鰹魚為原料，是重複三、四次黴分解的傳統技法所製成的本枯鰹魚。Maruten

小魚乾864日圓（200g）

香川縣伊吹島周邊捕獲的日本鯷。可以熬煮出高雅的高湯。山下海產

潮之寶1296日圓（10g×8包）

黑潮之力1404日圓（11g×8包）

潮之寶是將瀨戶內海的日本鯷去除內臟後炒香再磨成粉，還加了日本國產香菇。黑潮之力是取高知縣產鰹魚的魚骨，炒香後磨成粉，還加了乾燥紅蘿蔔、香菇、蔥、薑。山下海產

第二章／第三章

◉**乾香菇**（詳情請洽茂仁香）

久住高原　加藤家的乾香菇

冬茹（100g）1350日圓

香信（100g）1134日圓

專家加藤先生栽培的大分縣原木香菇。

加藤家

◉**調味料**（詳情請洽茂仁香）

栗國之鹽1296日圓（500g）

栗國島近海的海水經過平釜熬煮製成的鹽。百貨公司或大型超市可以買得到。

沖繩海鹽研究所

紫大晝1026日圓（900ml）

使用日本國產黃豆、沖繩的島鹽、經過木炭過濾的水，放進木桶熟成，是一款淡味醬油。大久保釀造店

◉**糙米、焙煎糙米**（詳情請洽茂仁香）

有機栽培米山毛櫸的力量4860日圓（5kg）

引新潟縣朝日村山毛櫸林湧出的清流，在水田栽培的越光米。也有白米。貝沼農場

古代福米4536日圓（5kg）

同時播種古代米和耐寒的小町米，自從

開設水田以來，一直堅持無農藥有機栽培。也有白米。青森縣產。福士農園

焙煎糙米（250g）864日圓

100%使用取得新潟縣認證的特別栽培越光米，用心乾炒而成的手作焙煎糙米。適合製作糙米湯時沒有時間乾炒糙米的人使用。非營利組織加治川

◉日式醃梅（詳情請洽茂仁香）

龍神梅1101日圓（280g）

使用和歌山縣龍神村無農藥、無化學肥料栽種的梅子製作而成。龍神自然食品中心

◉器具（詳情請洽SD企劃設計研究所）

Mimoza多機能蒸氣調理鍋1萬4040日圓

（蒸氣調理鍋的直徑約25.7cm×高約23cm）

蒸氣調理鍋以及內鍋（皆附鍋蓋）、瀝水板、金屬網架。內鍋除了可以蒸煮香菇湯等液體之外，也可以用來製作燉煮物。

野田琺瑯

◉**雞高湯**（詳情請洽茂仁香）

雞清高湯200

4320日圓（200g×10包）

選用2年以上的老母雞熬煮4小時以上而成的冷凍高湯。沒有添加化學調味料，100％天然材料。可作為大部分湯品的湯底，應用範圍廣泛。冷凍保存的賞味期是1年，使用時用5～10倍的水稀釋。日本湯品

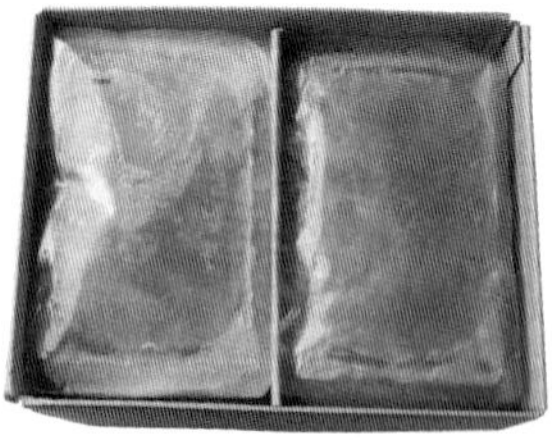

◉**油**（詳情請洽茂仁香）

EXV橄欖油 NOSTRALE

2430日圓（500ml）

挑選在最適當採收時期手工採集的果實製作，沒有經過任何化學處理。酸度低於1％的特級冷壓橄欖油，分為VERDE、ORO、NOSTRALE三個等級。NOSTRALE由於純度高，因此除了料理之外，也用於化妝品或醫藥品使用，可說是橄欖油原點的純正品。義大利商事

◉**乾香菇和其他調味料參照158頁。**

◉**烏龍麵**（詳情請洽角久八丁味噌）

八丁味噌烏龍麵 1512日圓（120g×4包）

高品質的豆味噌和熟成麵十分搭配，口味道地。烏龍麵使用的是日本國產小麥。

◉**麥片**（詳情請洽茂仁香）

超級燕麥3132日圓（800g）

使用燕麥片、二番蕎麥粉、炒過的黃豆粉、糙米胚芽、小麥胚芽、紅豆粉、芝麻七種材料，全部都是日本國產。帝王飯店板倉

※以上商品價格皆含稅，為2016年2月的資訊。

◎茂仁香
0467-24-4088　http://monika.co.jp

◎SD企劃設計研究所
045-450-5331　http://www.yk.rim.or.jp/~4_5indiji

◎角久八町味噌
0564-21-1355　http://www.kakuq.jp/home

結語

矢板靖代

「料理是愛的展現」。如果用一句話代表辰巳芳子老師的想法，想必就是這一句。所謂愛，指的是對自己與他人展現的溫柔。

小時候只要感冒，母親一定會煮粥給我吃。高燒不退的時候，我會喝白粥最上層的米湯。另外，用削柴魚片最後剩下一點點紅色的芯，與切成大塊的馬鈴薯和紅蘿蔔等蔬菜一起煮成湯，在感冒初期只喝最上層的湯，隨著體力慢慢恢復，再將蔬菜搗碎來吃。母親也曾做滑蛋麵筋給我吃。過去認為這些不過是稀鬆平常的小事，但不知道現在還有多少人用這樣的方式養育小孩。

由於我與辰巳老師的母親濱子老師同樣住在湘南，因此我經常與母親一同前往參加由教會主辦的濱子老師演講會。我家裡有老師寫的每一本書。現在回想起來，我們家的散壽司遵循的是辰巳家的做法。之後我師事芳子老師，至今已經三十年。我在湯品會幫忙也已經超過十數年。

我景仰老師，希望能夠幫助她完成使命，也希望能夠成為將老師的觀念傳達給全國所有人的傳道者。

這本書裡寫的是正統的做法。但我想強調，希望大家不要被框架限制住。熬高湯的時候即使遇到困難，例如湯裡殘留昆布，或是熬出的高湯像水一樣，也都比不嘗試來得好。總之先做做看再說。希望大家都能以此為目標。

矢板靖代

一九八〇年起師事辰巳芳子。女子營養短大畢業。營養師。非營利組織「傳達好食材協會」理事、「支援大豆100粒運動協會」幹事。另外還擔任「湯品會」的講師和助手。打理神奈川縣逗子市提供年長者餐食的「千草會」超過15年。著有《與家人一起——適合年長者的菜單》（與女子營養大學出版部的共同著作）。

辰巳芳子

一九二四年出生於東京都。料理研究家、隨筆作家。聖心女子學院畢業後，追隨料理研究家先驅、同時也是辰巳芳子的母親辰巳濱子學習家常料理。另外也接受在宮內廳大膳寮工作的加藤正之先生的指導，學習法國料理，之後又不斷鑽研義大利、西班牙料理。根據照護父親的經驗，開始注意到湯品，在鎌倉自家等地開設「湯品會」。除了透過雜誌和電視等媒體介紹料理之外，也非常關心東西飲食文化的歷史、地球環境等，積極宣揚飲食的重要性。擔任非營利組織「傳達好食材協會」會長、「支援大豆100粒運動協會」會長。主要著作包括《生命與味覺》（中文版積木文化出版），《新版　我教給女兒的味道》（與辰巳濱子的共同著作／文藝春秋），《為了你——守護生命的湯品》《庭園時間》（文化出版局），《品嘗辰巳芳子的當季美味》《把謹慎帶上餐桌——範例介紹》（ＮＨＫ出版社），《辰巳芳子的暖心豆料理》（農文協），《飲食的定位——起始點》（東京書籍），《生命的餐桌》（Magazine House）等。

攝影

小林庸浩　p17-33、p111-158、p160-161、p164
後　勝彥　p35-107、p159 下、p163

料理製作

矢板靖代、對馬千賀子、太田美千代

生命與味覺之湯

辰巳芳子的日式湯品食譜

原 書 名　辰巳芳子 スープの手ほどき　和の部
作　　者　辰巳芳子
譯　　者　陳心慧
特約編輯　陳錦輝

總 編 輯　王秀婷
責任編輯　張倚禎
版　　權　徐昉驊
行銷業務　黃明雪、林佳穎

發 行 人　凃玉雲
出　　版　積木文化
104台北市民生東路二段141號5樓
電話：(02) 2500-7696｜傳真：(02) 2500-1953
官方部落格：www.cubepress.com.tw
讀者服務信箱：service_cube@hmg.com.tw
發　　行　英屬蓋曼群島商家庭傳媒股份有限公司城邦分公司
台北市民生東路二段141號11樓
讀者服務專線：(02)25007718-9｜24小時傳真專線：(02)25001990-1
服務時間：週一至週五09:30-12:00、13:30-17:00
郵撥：19863813｜戶名：書虫股份有限公司
網站：城邦讀書花園｜網址：www.cite.com.tw
香港發行所　城邦（香港）出版集團有限公司
香港灣仔駱克道193號東超商業中心1樓
電話：+852-25086231｜傳真：+852-25789337
電子信箱：hkcite@biznetvigator.com
馬新發行所　城邦（馬新）出版集團 Cite（M） Sdn Bhd
41, Jalan Radin Anum, Bandar Baru Sri Petaling, 57000 Kuala Lumpur, Malaysia.
電話：(603) 90578822｜傳真：(603) 90576622
電子信箱：cite@cite.com.my

國家圖書館出版品預行編目資料

生命與味覺之湯—辰巳芳子的日式湯品食譜 / 辰巳芳子著；陳心慧譯. -- 初版. -- 臺北市：積木文化出版：英屬蓋曼群島商家庭傳媒股份有限公司城邦分公司發行, 2021.02
面；　公分
譯自：辰巳芳子 スープの手ほどき 和の部
ISBN 978-986-459-261-6(平裝)
1. 食譜 2. 湯
427.1　　109020570

製版印刷　上晴彩色印刷製版有限公司
封面設計　張倚禎
內頁排版　張倚禎

城邦讀書花園
www.cite.com.tw

2021年 2月5日　初版一刷
售　價／NT$ 399
ISBN 978-986-459-261-6